関西(かんさい)地学(ちがく)の旅(たび)
子(こ)ども編(へん)

鉱物(こうぶつ)・化石(かせき)探(さが)し

自然環境研究オフィス **柴山元彦** 編著

東方出版

はじめに

＜子どもたちへ＞

　日本には山や川などが作り出す美しい自然が広がっています。さらにその風景は四季折々に移り変わり、趣のある自然景観を私たちに見せてくれます。このような自然の風景は長い地球の歴史の中で造られてきました。

　野外に遊びに出かけたときに、いろいろな自然を作り出しているものに目が行くと思います。そんな中で川原や山にある石にも興味を引くことと思います。きれいな色をした石、不思議な形をした石、化石が入った石などいろいろな石に出合うことがあるかもしれません。しかし、少し予備知識を持っているとその出合いはより多くなることでしょう。

　この本は野外に出かけるときにあらかじめ見ておくと、より面白い石に出合う機会が増えるように願って作りました。ここで「石」と書きましたが石は鉱物が集まってできたものです。そのため鉱物を知ることはより石を理解する助けになるので、本書では鉱物の基本的なことを中心にのせました。また化石についても"化石とは"から始まり"化石からどのようなことがわかるか"など化石のことをわかりやすく書きました。さらに、実際に鉱物や化石を探すにはどのようなところに行くと観察できるかものせています。これらの場所へは大人の人と一緒に出かけてください。きっとあなたを待っている鉱物や化石に出合えることでしょう。

＜大人の方へ＞

　子どもは自然の中で遊ぶのが大好きです。野外に出かけると生き生きと走り回り、いろいろなものに興味を持ち立ち止まりまたかけていきます。自然の中の不思議なものや何気ないものでも観察眼は鋭く、感性で大人以上に面白いものを見つけます。特に小学生のころは石（鉱物を含む）や化石に興味を持つ子どもたちが多いように思います。

　しかし、植物や動物に比べ石や化石は、わかりにくいしどれも同じように見えたりします。わかるようになるには実際の野外に出かけてできるだけいろいろな石（鉱物や化石）を見る機会を増やすのがいいでしょう。持ち帰っていると量が増えてしまうため、デジタルカメラでいろいろな方向から写すなどして、それを帰って整理することでより理解が深まります。子どもと一緒に野外に出かけて大人もこのような石探しを楽しむことができれば、さらに子どもも興味を膨らませていき、次第に科学的な思考へと向かっていくことでしょう。

　この本がそのような助けになれば幸いです。

柴山元彦

『関西地学の旅 子ども編　鉱物・化石探し』……目次

はじめに……1
地球の歴史積み上げカレンダー……6

第1部 鉱物編

鉱物について知ろう ——————————— 7

① いろいろな鉱物……8
② 鉱物とは？……12
③ 鉱物の生まれる場所……14
④ 身のまわりの鉱物……16
⑤ 鉱物の見分け方……18
⑥ 野外で鉱物を探そう……20

鉱物を探しに行こう ——————————— 25

大阪 1　亀の瀬（大和川）　ガーネット・サヌカイト・長石など……26

兵庫 2　小野（加古川）　水晶・ガーネット・砂金など……28

兵庫 3　明延鉱山　水晶・クジャク石・黄鉄鉱・青鉛鉱など……30

兵庫 4　生野鉱山　閃亜鉛鉱・黄鉄鉱・黄銅鉱・方鉛鉱など……32

京都 5　山城（木津川）　ガーネット・紅柱石・菫青石・水晶・トルマリンなど……34

京都 6　亀岡（保津川）　水晶・菫青石・菱マンガン鉱など……36

滋賀 7　能登川（愛知川）　磁硫鉄鉱・ガーネット・菫青石など……38

滋賀 8　土倉谷　ジャスパー・水晶など……40

奈良 9　室生（室生川）　ガーネット・高温水晶・磁鉄鉱など……42

奈良 10　東吉野（大又川）　黄鉄鉱・クジャク石・斑銅鉱など……44

和歌山 11 貴志(貴志川) 緑泥石・紅れん石・パープルシェールなど……46

和歌山 12 高野下(丹生川) 緑泥石・石墨・パープルシェールなど……48

三重 13 伊賀(服部川) ガーネット・トルマリンなど……50

三重 14 伊賀上津(青山川) ガーネットなど……52

三重 15 古江(櫛田川) けい冠石・緑泥石・紅れん石など……54

街の中　大阪駅周辺…56　大阪市立科学館…58　大阪歴史博物館…58
　　　　あべのハルカス…59　JR京都駅…60　三宮地下街…61

第2部 化石編

化石について知ろう ─────── 67

- ① いろいろな化石……68
- ② 化石とは?……72
- ③ 化石のでき方……74
- ④ 化石からわかること……76
- ⑤ 生きている化石……80
- ⑥ 化石を探そう……82

化石を探しに行こう ─────── 85

京都 1 宇治田原 二枚貝……86

兵庫 2 丹波 丹波竜の里 恐竜の骨片・発掘体験……88

兵庫 3 新温泉町 おもしろ昆虫化石館 発掘体験……90

福井 4 勝山 恐竜博物館と恐竜の森 発掘体験……91

滋賀 5 甲西(野洲川) ゾウの足跡・植物など……92

三重 6 津市美里 二枚貝・巻貝など……94

岐阜 7 瑞浪 二枚貝・巻貝など……96

岐阜 8 金生山 二枚貝・ウミユリ・ボウスイチュウなど……98

岡山 **9** 奈義 なぎビカリアミュージアム ピカリア・二枚貝など……100

香川 **10** 土庄 二枚貝・巻貝……102

街の中 大阪駅周辺…104 京阪京橋駅…106 難波OCAT…107
大阪市立科学館…109 関西空港エアロプラザ…110
りんくうゲートタワービル…110 京都駅…111 大丸京都店…112
三宮地下街…114 大丸神戸店…114 JR和歌山駅…115
近鉄百貨店和歌山店…115

コラム 1 不思議な鉱物 ──── 24
2 世界の鉱物探し ──── 66
3 変わった化石 ──── 84

自由研究 1 川原の石から水晶を探す ──── 62
2 砂の中から鉱物を探す ──── 64
3 化石の図鑑づくり ──── 116
4 何が化石になりやすいか ──── 118

参考図書…120

本書に掲載された野外の鉱物・化石観察地…121

おわりに…122

地球の歴史　積み上げカレンダー

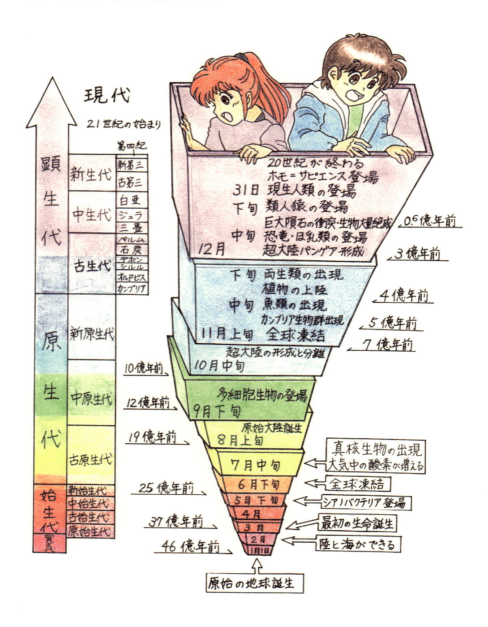

第1部

鉱物編

鉱物について知ろう

１ いろいろな鉱物

鉱物にはきれいな色や形のものがあります。
ではいろいろな鉱物を見てみましょう。

＊各写真のキャプションにある矢印は、写真画像枠の横幅の長さを示しています。

(1) 色の違う鉱物

ルビー (⇔3.0cm)

サファイア (⇔2.5cm)

エメラルド (⇔4.5cm)

コハク (⇔2.0cm)

バラ輝石 (⇔5.0cm)

燐灰石 (⇔2.0cm)

ペリドット (⇔2.8cm)

砂金 (⇔3.0cm)

けい冠石 (⇔10.0cm)

アメシスト (⇔3.5cm)

藍晶石 (⇔3.5cm)

鉄電気石 (⇔3.0cm)

レインボーガーネット (⇔2.5cm)

メノウ (⇔4.0cm)

トパーズ (⇔2.0cm)

ピンク石英 (⇔8.0cm)

(2) 特徴的な形の鉱物

水晶 (⇔5.0cm)

方解石 (⇔6.5cm)

白雲母 (⇔4.0cm)

蛍石 (⇔3.0cm)

黄鉄鉱 (⇔5.0cm)

ガーネット (⇔3.5cm)

2 鉱物とは？

ほとんどの鉱物は原子からできています。次の3点が鉱物の条件です。

(1) 自然に生まれたもの

人工的に作られたものは鉱物には含みません。

岩塩 (鉱物)

食塩 (鉱物でない)

(2) 無機物である

鉱物は無機物 (生物がもとになっていないもの) であることが条件の一つです。

方鉛鉱 (鉱物)

黄鉄鉱 (鉱物)

ですが、これには例外があります。

● 例外の鉱物

コハク
植物の樹脂が化石化したもの

真珠
貝の体の中で作られたもの

(3) 結晶している

鉱物は規則正しく原子や分子が並んでいます。

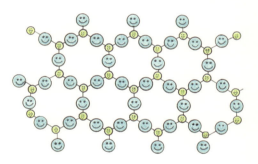

規則正しく分子が並んでいる

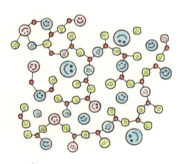

不規則に分子が並んでいる

水晶（鉱物）

ガラス（鉱物でない）

3 鉱物の生まれる場所

　鉱物は地球の内部で、マグマ・水・熱・圧力などの影響を受けて生まれます。そのでき方を紹介します。

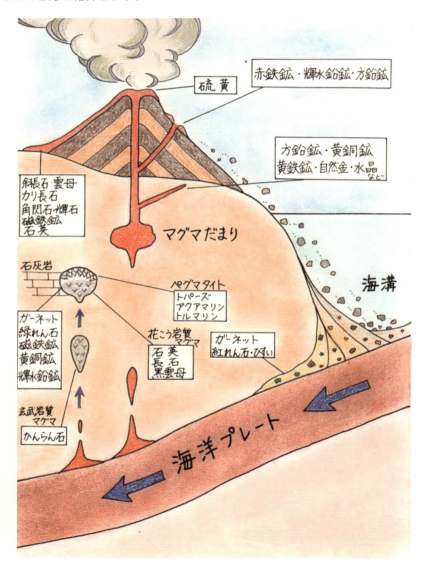

変成作用とは、岩石がマグマの熱や地下の圧力などを受けて、見た目やつくりが変わってしまうことをいいます。

(1) ペグマタイト
マグマが冷えて岩石になるとき、水分やガスが抜けた穴（晶洞）に鉱物が大きく成長します。花こう岩にできることが多くあります。
　　（例）水晶・トパーズ・電気石・エメラルド

(2) スカルン（接触交代変成作用）
石灰岩という堆積岩がマグマの熱によって変成作用を受けたときにできる鉱物です。スカルンとはスウェーデン語で「ろうそくの灯心」という意味です。
　　（例）大理石・ガーネット・磁鉄鉱・黄銅鉱

(3) ホルンフェルス
泥岩や頁岩などの堆積岩がマグマの熱によって変成作用を受け、鉱物が成長します。ホルンフェルスとはドイツ語でホルン＝角、フェルス＝石で、「硬い岩」という意味です。とてもきめがこまかくて硬い石です。
　　（例）菫青石・紅柱石・珪線石

(4) 熱水鉱脈
鉱物のもとになる成分を含んだ熱水が、岩石の亀裂に沿って流れてできる鉱物です。
　　（例）金・銀・銅・鉛・亜鉛

● 岩石の分類
・火成岩　マグマが冷え固まってできた岩石
　　　　　マグマの冷えた深さによって、火山岩と深成岩に分けられる
・堆積岩　主に水の底にたまった砂や泥などが固まった岩石
・変成岩　火成岩や堆積岩が熱や圧力を受けて変化した岩石

4 身のまわりの鉱物

岩石から取り出された鉱物は、様々なものに加工されて私たちの生活に利用されています。

身のまわりの鉱物を探してみましょう。

宝石
ダイヤモンドや金のようにきれいでめずらしい鉱物は宝石に利用されます。
鉛筆
鉛筆の芯は石墨という鉱物と粘土を混ぜて作られています。
陶磁器
コーヒーカップなどの陶磁器はカオリナイトという粘土や、石英、長石などの石を原料に作られています。
お金（硬貨）
1円玉はアルミニウムで作られています。5円以上の硬貨は主に銅からなる合金です。アルミニウムはボーキサイトという鉱物から、銅は赤銅鉱や黄銅鉱などの鉱物から取り出され加工されます。

時計
　クオーツ時計とよばれるものは、正確な時間を刻むために水晶が使われています。

鉄製品
　鍋や食器、釘やネジなど家の中にはたくさんの鉄製品が見つかります。自動車や自転車などの乗り物にも鉄が使われています。鉄は赤鉄鉱などの鉱物から取り出され加工されます。

ガラス
　ケイ酸が主成分のケイ砂とよばれる砂を溶かしてから、型に流して作ります。

化粧品
　ファンデーションなどの化粧品には絹雲母という鉱物が使われています（昔のおしろいには炭酸鉛という有毒な鉱物が使われていましたが、中毒事故がたくさんおきたため、今は使われていません）。

　ここで紹介したもの以外にも、多くのものが鉱物から作られています。そのように考えると、私たちの身のまわりは鉱物に囲まれているといえそうです。

5 鉱物の見分け方

鉱物を見つけたとき名前を知っていると、とても親しみがわきます。鉱物を見分けるには色や形のほかにどのような見分け方があるでしょうか？

(1) かがやき方（光沢）の違い

金属光沢　ガラス光沢　金剛光沢　樹脂光沢

真珠光沢　脂肪光沢　絹糸光沢　土状光沢

(2) 割れ方（劈開）の違い

鉱物によっては、ある決まった方向に割れやすい劈開という性質をもつものがあります。

方解石　白雲母　蛍石　トパーズ

(3) 硬さ（硬度）の違い

鉱物は種類により硬さが違います。硬さは10段階に分けられており、硬さの

基準となる鉱物が決められています。これをモース硬度といいます。

1 滑石　2 石膏　3 方解石　4 蛍石　5 燐灰石
6 カリ長石　7 石英　8 トパーズ　9 コランダム　10 ダイヤモンド

(4) 比重(密度)の違い

　比重とは、同じ体積でどのくらい重さが違うかということを示しています。砂金やガーネットなどは他の砂粒より比重が大きいことを利用し、パンニング(わんかけ)により集めることができます。

ふるいを重ねて、その中に砂を入れる　　水の中でゆする　　軽い砂粒を流し出す

(5) 紫外線に反応する

蛍石 (イギリス産)　　　　　珪酸亜鉛鉱 (アメリカ産)

青く光る　　　緑色に光る　赤色の部分は方解石

6 野外で鉱物を探そう

　さあ、いよいよ野外へ鉱物を探しに行きましょう。鉱物を見つけるためには、たくさん石があるところへ行きましょう。
　川原や海岸で鉱物を探すときは、天気のいい日に行きましょう。特に水が多いときや波が高いときは避け、足元にも十分気をつけましょう。

広い川原

川の水に流されないように気をつけましょう。

砂浜の海岸

満ち潮や高い波に気をつけましょう。

砂利浜の海岸

鉱山の跡地

私有地に勝手に入ってはいけません。山で鉱物を探すときは、入ってよい場所なのか、許可は必要であるかなど、十分に調べてから行きましょう。

鉱物・化石探しの服装と持ち物

川や海や山など自然には危険なことがたくさんあります。決して一人で出かけず、大人の人たちと一緒に出かけましょう。

鉱物・化石を見つけたら

　見つけた鉱物や化石は、そのときの状況をスケッチしたり、写真に撮って記録しておきましょう。また、家に帰ってからノートにまとめたり、パソコンで整理したりしておきましょう。

①カメラなどで接写する方法

②整理の仕方

スケッチしたり
観察ノートをつけたりする

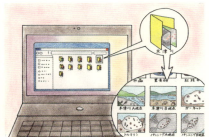

撮った写真を場所や鉱物・化石別にファイルを作り、コンピュータに保存する

コラム 1
不思議な鉱物

　鉱物の種類は4000種以上あります。その中にはいろいろ変わった鉱物があります。電気を帯びるもの、光を出すもの、においを出すもの、液体のようなもの、ぐにゃっと曲がるものなどいろいろです。

◎電気を帯びる—電気石（トルマリン）

　この鉱物を60～70℃くらいに熱すると、静電気を帯びます。下敷きをこすると紙などが引き寄せられるあの電気です。

電気石

◎食べられる鉱物—岩塩

　日本では塩は海からとれると思われていますが、ヨーロッパなどの大陸では塩は岩からとると思われています。これが岩塩です。岩塩も元をたどれば海水が干上がって塩の結晶になったものです。塩の結晶は6面体の立方体の形をしていて、これも硬度2の鉱物です。

岩塩

◎液体の鉱物—水銀

　液体なのに鉱物なのが水銀です。水銀は常温では液体で唯一の鉱物です。しかも、密度が13.5と重たい鉱物です。昔は体温計にも使われていました。

水銀

◎砂漠のバラ—石膏

　砂漠の砂の中から見つかる花弁のような形をした鉱物です。多くの場合、石膏と呼ばれる硬度2の鉱物です。球形のバラの花びらのようになるのは、砂漠のオアシスなどが干上がって硫酸カルシウムが結晶となるとき邪魔するものがないと、球形に鉱物が成長していきます。

砂漠のバラ

鉱物を探しに行こう

大阪 柏原市峠付近

1 亀の瀬（大和川）

ガーネット・サヌカイト・長石など

❶ ガーネット

❷ ガーネット

❸ サヌカイト

❹ 長石

❺ 花こう岩の中のガーネット

大和川の川原

ここでは二種類の色の違うガーネットを観察することができます。まわりの山を流れてきた川の支流が、そこにあった石を運んできて大和川に合流しているからです。川の北側にある花こう岩に含まれている約1億年前の赤いガーネットと、南側にある二上山の火山岩に含まれている約1500万年前の赤黒いガーネットです。この他にも以下のような鉱物を見つけることができます。

鉱物の探し方

赤いガーネット ❶❺
　花こう岩とよばれる白っぽい石の中にきれいな赤い粒として見つかります。

赤黒いガーネット ❷
　安山岩とよばれる灰色の石の中に見つかります。

サヌカイト ❸
　安山岩の中でもとても硬く、ハンマーでたたくとカンカンと音がするのでカンカン石とも呼ばれます。割ると割れ口が尖っているので、古代では石器として利用されていました。

長石 ❹
　白色から少し褐色で、写真のように直方体の形をしていることが多くあります。

行き方：JR大和路線河内堅上駅より川に沿って上流へ歩きます。亀の瀬地すべり防止工事地区の付近より川原へ降りることができます。

兵庫　小野市下来住町付近

2 小野（加古川）

水晶・ガーネット・砂金など

❶ 水晶

❷ 水晶

❸ 水晶

❹ レッドチャート

❺ ガーネット（赤い粒）

❻ ガーネット

❼ 珪化木

❽ 砂金

❾ 砂金（黄）と磁鉄鉱（黒）

ここでは水晶や砂金が見つかりますが、以下のような鉱物も見つかります。

鉱物の探し方

水晶 ❶❷❸
　白い石の表面やくぼみ（晶洞）の中にあります。小さなくぼみを豆晶洞といいます。透明感があり、六角形の柱の形をしています。

レッドチャート ❹
　つるつるした硬い石の中で赤くきれいなものです。チャートとは、約２億年前にガラス質の骨格をもつプランクトンの殻が太平洋の深海底に沈んでつもり、その後プレートに乗って運ばれてきた石です。いろいろな色があります。

ガーネット ❺❻
　黒っぽい石の中で赤い粒状のものです。川原の砂をパンニングすると赤い粒状のものが残ります。

珪化木 ❼
　木の年輪模様があるが、石のように重いものです。

砂金 ❽❾
　パンニングをすると最後まで残る金色の粒です。

磁鉄鉱 ❾
　パンニングをすると多く残る黒い粒です。磁石につきます。

行き方：ＪＲ加古川線小野町駅より北東へ歩くと加古川の堤防に出ます。階段を降りて川原へ向かいます。

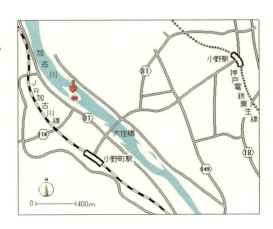

兵庫　養父市大屋町明延付近

3 明延鉱山

水晶・クジャク石・黄鉄鉱・青鉛鉱など

❶ 水晶

❷ 水晶

❸ 晶洞の中の水晶

❹ クジャク石

❺ 黄鉄鉱

❻ 青鉛鉱

❼ 白雲母

❽ 黄銅鉱

❾ 斑銅鉱

約2億5000万年前の堆積岩の割れ目に、約6000万年前、マグマの一部が入り込んで冷え固まったとき、金、銀、銅、亜鉛、錫などいろいろな鉱物が生まれました。この鉱山では、今から約1200年前から鉱石を採掘していました。奈良の東大寺大仏には、ここの銅が使われているそうです。

あけのべ自然学校で入場料を払い、鉱物探しをすることができます。ここでは多くの種類の鉱物が見つかります。金属鉱物を中心に紹介します。

鉱物の探し方

クジャク石 ❹
鮮やかな緑色をしているので目立ちます。

黄鉄鉱 ❺
赤茶色の石を割ると、黄色い斑点のものとして見つかります。

青鉛鉱 ❻
石の表面に張りついたようなもので、きれいな青色です。

黄銅鉱 ❽
黄鉄鉱に似ていますが、黄色がもっと濃い色です。

斑銅鉱 ❾
新鮮なものは褐色ですが、青色や紫色に変色します。

行き方：JR山陰線八鹿駅より全但バスが運行されています。明延バス停より徒歩10分ほどで、あけのべ自然学校へ着きます。

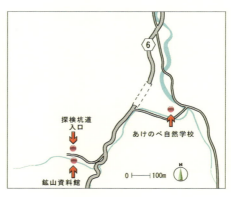

兵庫 朝来市生野町小野付近

4 生野鉱山

閃亜鉛鉱・黄鉄鉱・黄銅鉱・方鉛鉱など

❶ 黄鉄鉱　❷ 黄銅鉱　❸ 閃亜鉛鉱
❹ 斑銅鉱　❺ 水晶の群　❻ 水晶
❼ クジャク石　❽ 閃亜鉛鉱　❾ 方鉛鉱

史跡「生野銀山」では資料館見学・坑道見学ができるほか、10名以上であれば鉱物探し体験ができます。坑道より少し上流の川原で探すことができます。
　入場料を払い、坑道入口の左にある階段を上っていくと、「露頭」といわれる、鉱物を含んだ脈が地上にむき出しになっている部分を見学することができます。1567年には、自然銀を含んだ日本最大の鉱脈がみつかっていることが当時の文書に残されています。

鉱物の探し方

閃亜鉛鉱 ❸ ❽
白っぽい石の中に黒い塊などで見つかります。

斑銅鉱 ❹
黒っぽい重い石を割ると青や紫の虹のような模様で見つかります。新鮮なものは褐色です。

水晶 ❺ ❻
白色や無色の結晶が群で見つかることが多いです。

クジャク石 ❼
鮮やかな緑色をしているので目立つ石です。

方鉛鉱 ❾
銀白色にきらきら光る金属光沢が特徴です。

行き方：ＪＲ播但線生野駅よりバスで8分。生野銀山口バス停より歩いて10分ほど。

第1部 鉱物編　33

京都 木津川市山城町上狛 木津川川原

5 山城(木津川)

ガーネット・紅柱石・菫青石・水晶・トルマリンなど

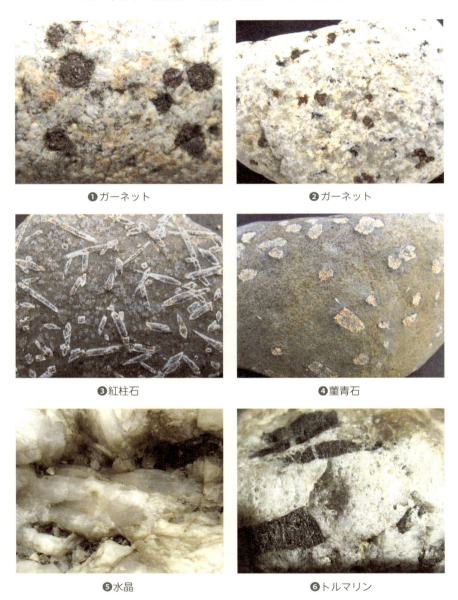

❶ ガーネット

❷ ガーネット

❸ 紅柱石

❹ 菫青石

❺ 水晶

❻ トルマリン

ここでは紅柱石や菫青石がよく見つかりますが、その他にも以下のような鉱物が見つかります。

鉱物の探し方

ガーネット ❶❷
花こう岩という白っぽい石にはガーネットが入っています。細かい粒が密集して大粒に見えるものもあります。

紅柱石 ❸
ホルンフェルスという黒っぽい硬い石の中に見つかります。赤い柱状の結晶ですが、表面が風化して白っぽくなっています。

菫青石 ❹
これもホルンフェルスから見つかります。風化していると、白い斑点として見つかります。また、風化していないものは淡い青色のガラスのような柱状で見つかります。

水晶 ❺
白い石英を見つけたら、くぼみがあるか探してみましょう。くぼみの中に、六角形の柱状の形をした小さな水晶が観察できることがあります。

トルマリン ❻
トルマリンは黒い棒状で、花こう岩や白っぽい片麻岩の中に見つかります。雲母と間違えやすいですが、雲母は平たい形で、トルマリンは柱状の結晶です。

行き方：JR奈良線上狛駅下車、西へ15分歩くと木津川に出ます。

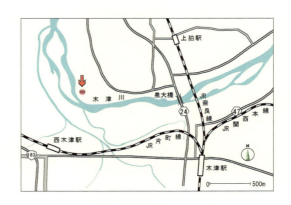

第1部 鉱物編　35

亀岡市保津町付近

6 亀岡（保津川）

水晶・菫青石・菱マンガン鉱など

❶ 水晶

❷ 長石

❸ 菱マンガン鉱（赤い部分）

❹ 球果流紋岩（球果の部分は長石）

❺ 蛇紋石（緑の部分）

❻ 菫青石（斑点の部分）

ここの川原では、マンガンの鉱石である菱マンガン鉱や、きれいな白い花がさいたような球果流紋岩を探しましょう。

鉱物の探し方

水晶 ❶
白い石を探します。石にくぼみがあったらその中をのぞいてみましょう。柱状のものが見えたらそれが水晶です。

長石 ❷
薄い茶色をした石に白い斑点があるものを探します。長方形の形をした斑点があれば長石です。

菱マンガン鉱 ❸
表面が黒い石を割ってみて中から赤い色のものが出てくるとマンガンを含む鉱石です。丹波地方にはかつては多くのマンガン鉱山がありました。

球果流紋岩 ❹
黒い石に白い菊の花が咲いたような模様のものがあれば球果流紋岩です。白い部分は長石でできています。

蛇紋石 ❺
こい緑をした脂肪光沢のある石が蛇紋岩です。

菫青石 ❻
泥岩が熱による変成作用を受けたときにできる淡い青色の鉱物です。黒い石の中に白い斑点状（雲母に変わっているため）に見られます。

行き方：JR山陰線亀岡駅で下車。駅から徒歩で北に約10分歩くと保津川に出ます。

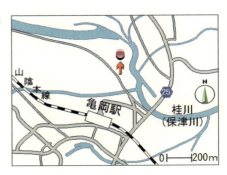

滋賀　彦根市服部町付近

7 能登川(愛知川)

磁硫鉄鉱・ガーネット・菫青石など

❶ 磁硫鉄鉱　　❷ カリ長石

❸ ガーネット　　❹ 菫青石(斑点の部分)

愛知川の川原

菫青石が含まれている黒っぽい石はホルンフェルスといいます。泥岩がマグマの熱を受けて変成した、とても硬い石です。「❸鉱物の生まれる場所」(14ページ)を見て確認しておきましょう。

鉱物の探し方

磁硫鉄鉱 ❶
　表面がさびたような重い石を割ると、黒くて磁石にひきつけられる金属鉱物が観察できます。

カリ長石 ❷
　石の中に見つかる白い長方形の鉱物です。大きいものは1cmを超えます。

ガーネット ❸
　白っぽい石の中の赤い斑点状のものです。

菫青石 ❹
　黒っぽい石の中の白い斑点状のものです。菫青石が浮き上がっているように見えるものもあります。

行き方：JR東海道線稲枝駅より南へ約20分歩きます。名神高速八日市ICすぐの愛知川の川原でも探すことができます。

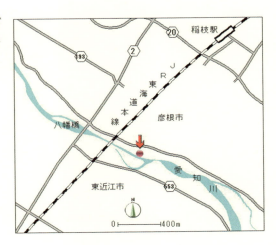

滋賀 長浜市木之本町金居原

8 土倉谷

ジャスパー・水晶など

❶ ジャスパー

❷ 磁硫鉄鉱

❸ 方解石

❹ 水晶

土倉谷にはかつて鉱山があり昭和40年(1965)まで銅や鉄を採っていました。現在でも、当時の建造物が残っています。危険なので決して入らないようにしましょう。この前を通り過ぎ、もう少し上流に向かい、川原におります。

鉱物の探し方

ジャスパー ❶
　黒味がかった赤い石で、少し重いものはジャスパー（碧玉）です。赤玉石などとよばれ、庭石に使われたり、古代では勾玉の材料に使われたりしました。とても硬い石です。

磁硫鉄鉱 ❷
　表面が褐色の石は、割ってみると金属鉱物が見つかるものがあります。これらは黄鉄鉱や磁硫鉄鉱などです。磁硫鉄鉱は磁石に引きよせられるものがあります。

方解石 ❸
　白っぽい石灰岩の中に結晶をした状態で見つかることがあります。

水晶 ❹
　石に入った石英脈があったら、くぼみがないか探してみましょう。水晶が見つかることがあります。

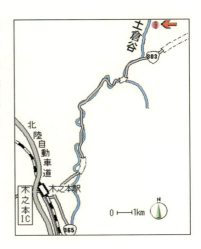

行き方：ＪＲ北陸本線木之本駅下車。駅前から近江鉄道バスで金居原行きに乗り終点で下車。そこから約20分歩くと谷の入口に着きます。そこに土倉鉱山の看板があります。車の場合、北陸自動車道の木之本ICで降ります。そこから国道303号に入り、北上します。金居原を過ぎたところで旧道に入り、さらに北上し土倉谷で左折し、谷に入ります。

奈良 宇陀市室生龍穴神社付近

9 室生(室生川)

ガーネット・高温水晶・磁鉄鉱など

❶花こう岩の中のガーネット

❷安山岩の中のガーネット

❸パンニングで集めたガーネット

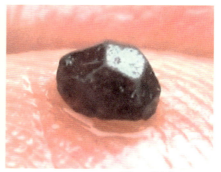
❹ガーネットの美しい結晶

室生龍穴神社近くの川原

42

この付近の砂にはたくさんのガーネットが含まれているのでパンニングで集めることができます。川原の大きな石をひっくり返した裏側に赤い粒がたくさん集まっていることがあります。

このほか、白っぽい片麻岩の中にもガーネットを見つけることができます。片麻岩の中のガーネットは約1億年前の変成作用でできました。❶❷の火成岩の中のガーネットは約1500万年前に溶岩が冷え固まってできました。

鉱物の探し方

花こう岩の中のガーネット ❶
白い石の中にきれいな赤い粒状で見つかります。

安山岩の中のガーネット ❷
黒っぽい石の中に赤い粒状で見つかります。オレンジ色の高温水晶と見分けがつきにくいです。

パンニングで集めたガーネット ❸❹
パンニングをして残った赤い粒はガーネットで黒いものは砂鉄です（磁鉄鉱やチタン鉄鉱）。磁石に引きよせられるか試してみましょう。

行き方： 近鉄大阪線室生口大野駅より室生寺前行きのバスに乗ります。終点で降り、上流へ15分ほど歩くと室生龍穴神社に着きます。

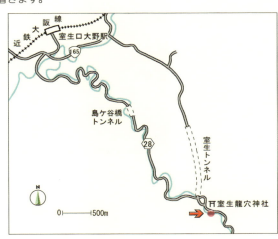

奈良　吉野郡東吉野村

10 東吉野（大又川）
黄鉄鉱・クジャク石・斑銅鉱など

❶ 黄鉄鉱

❷ 斑銅鉱

❸ クジャク石

丹生川上神社付近で、北から流れてきた高見川と南から流れてきた大又川が合流します。ここから大又川に沿って上流へ1kmほど歩いたところが観察地点です。この付近は結晶片岩が分布しています。川原に転がっている石は薄く割れやすい平べったい石が多いです。ここで見つかる金属鉱物は、このすぐ上流にあった鉱山から流れてきた石です。

鉱物の探し方

黄鉄鉱 ❶

ずんぐりとしていて、茶色っぽい重たい石を探してみましょう。そういう石はたいてい金属鉱物を含んでいます。表面は酸化して、くすんだ茶色になっていますが、ハンマーで割ってみると、淡い金色に輝く黄鉄鉱が観察できます。

斑銅鉱 ❷

表面がきれいな虹色に光る金属質のものは斑銅鉱です。銅を含む鉱物で、黄銅鉱が変化してできました。

クジャク石 ❸

石の表面に緑色のものがはりついているように見えるものはクジャク石です。粉にしても緑色を保っていることから、岩絵の具として使われてきました。

行き方：近鉄大阪線榛原駅で下車し、奈良交通バスの東吉野村役場行きのバスに乗り、役場前下車。そこからふるさとむら方面行コミュニティバス（要予約）。本数が少ないため、車の利用が便利です。

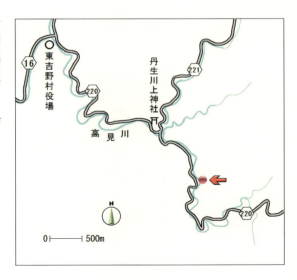

和歌山 紀の川市貴志川町国主

11 貴志(貴志川)

緑泥石・紅れん石・パープルシェールなど

❶ 緑泥石を含む緑泥片岩

❷ パープルシェール

❸ 紅れん石(淡い赤色の部分)

❹ 藍閃石を含む藍閃片岩

❺ 紅れん石などを含む結晶片岩

貴志川の川原

ここの川原にはうすい平たい石が多くあります。ほとんどが結晶片岩とよばれる石で、ピンクの紅れん石を含むと紅れん片岩、緑の緑泥石を含むと緑泥片岩とよばれます。

鉱物の探し方

緑泥石 ❶
　緑色をした石を探します。多くは薄い形をして、白と緑の縞模様になっています。これが緑泥片岩です。この緑の部分が緑泥石で白い部分は石英です。

パープルシェール ❷
　表面が粉がふいたような赤い色をした石を探します。これは火山灰を含む泥岩ですが色や形がきれいなものがあります。

紅れん石 ❸
　川原の石の中で薄く平たい、淡い赤色の石を探します。白や緑の部分と縞になっていることもあります。これが紅れん片岩とよばれる石ですが、その中の淡い赤色の部分が紅れん石の細かい結晶です。

藍閃石 ❹
　緑泥片岩のような縞模様がある石で、緑の部分が淡い藍色になっているものがあります。この藍色の部分が藍閃石が含まれているところです。

紅れん石などを含む結晶片岩 ❺
　褶曲がきれいに見える結晶片岩です。

行き方：JR紀勢本線和歌山駅から和歌山電鉄貴志川線に乗りかえ終点の貴志駅下車。貴志駅は駅長がネコで有名です。駅から約5分歩いて川に出ます。

和歌山　伊都郡九度山町丹生川

12 高野下（丹生川）

緑泥石・石墨・パープルシェールなど

❶パープルシェール

❷緑泥石を含む緑泥片岩

❸石墨（黒い部分）と石墨片岩

❹少し磁力がある磁硫鉄鉱

丹生川の川原

ここの川原では、表面がさびたような茶色になった石を探して割ってみましょう。割った面を見て、ピカピカした金属的なかがやきがあれば金属鉱物です。また、それが磁石につけば磁硫鉄鉱です。

鉱物の探し方

パープルシェール ❶
　表面に粉がふいたような赤い色をした石を探します。これは火山灰を含む泥岩ですが色や形がきれいなものがあります。

緑泥石 ❷
　緑色をした石を探します。多くは薄い形をして白と緑の縞模様になっています。これが緑泥片岩です。この緑の部分が緑泥石で白い部分は石英です。

石墨 ❸
　白と黒の縞模様になっている石を探します。白い部分は石英で、黒い部分が石墨です。

磁硫鉄鉱 ❹
　表面に鉄さびがついたような石に、磁石を近づけると引きよせられるものがあります。割ってみると金属光沢のきらきらしたかがやきの細かい粒が入っています。

行き方：南海電鉄高野線で高野下駅下車。駅から不動谷川に沿って下り500mほど行くと、丹生川が合流してきます。その丹生川に沿って上流にのぼっていくと葵茶屋キャンプ場があります。この付近で川原に降りることができます。

三重　伊賀市平田付近

13 伊賀(服部川)

ガーネット・トルマリンなど

❶ガーネット

❷結晶面が見えるガーネット

❸トルマリン

❹トルマリン

服部川の川原

服部川の上流には、約1億年前の片麻岩が分布しています。そこを流れてきた服部川によって運ばれた片麻岩が、川原の石としてここ伊賀市の平田付近にたまっています。この付近の川原では泥岩の中からたくさんの貝化石が見つかります。

鉱物の探し方

ガーネット ❶❷
　白い片麻岩の中に赤い粒状で見つかります。割れたものや変質したものが多いですが、石を割ると中から結晶面が見えるきれいなガーネットも見つかることがあります。

トルマリン ❸❹
　片麻岩の中に黒い棒状や粒状として見つかります。黒雲母と間違えやすいですが、針金でつついても傷がつかないものがトルマリン、傷がつくものが黒雲母です。

行き方：伊賀鉄道上野市駅より三重交通バスに乗車。汁付行きに乗り、大山田支所前で降りて川原へ行きます。

14 伊賀上津(青山川)

三重　伊賀市伊勢路付近

ガーネットなど

❶ ガーネット(赤)と黒雲母(黒)

❷ ガーネットの大きな結晶

❸ パンニングで集めたガーネット

❹ 透明感のあるガーネット

青山川の川原

青山川のガーネットは、室生川や服部川と比べて、ややピンクがかった色で透明感があり、とてもきれいです。青山川は約1億年前の片麻岩地帯の中を流れています。川原の石は、川の流れによって運ばれた片麻岩の石ころです。この観察地点からすぐ下流で、青山川は木津川に合流します。

鉱物の探し方

片麻岩の中のガーネット ❶❷
　白い片麻岩の中に赤い粒状で見つかります。1cmを超えるような大きな結晶もあります。赤と黒のまだら模様がみられますが、赤い粒がガーネットで黒い粒が黒雲母です。

パンニングで集めたガーネット ❸❹
　川原の砂をパンニングすると、赤い粒のガーネットと黒い粒の磁鉄鉱がたくさん集まります。

行き方：近鉄大阪線伊賀上津駅より東へ約5分歩くと青山川の川原へ着きます。

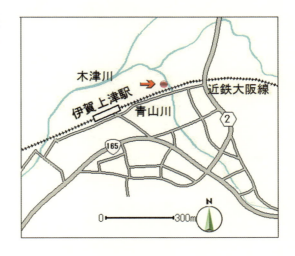

三重 多気郡多気町古江

15 古江（櫛田川）

けい冠石・緑泥石・紅れん石など

❶けい冠石
❷紅れん石を含む紅れん片岩
❸緑泥石を含む緑泥片岩
❹大きな長石を含む片麻岩
❺黄鉄鉱（暗く見えるところ）
❻水晶

　ここの川原では岩が川の中に出ています。その岩をよく見ると橙色の細い線状に鉱物が見られます。これはけい冠石とよばれる鉱物です。また川砂の中には黒い粒の黒しん砂が見つかることもあります。

鉱物の探し方

けい冠石 ❶

　川原に岩が出ています。この岩は片麻岩とよばれる岩石で、黒雲母が縞状に

並んでいます。この岩の中で少し濃い茶色に染まったようなところがあります。ここは鉱脈の一部でこの部分を探すと、きれいな橙色のけい冠石が、細い脈で入っています。けい冠石はヒ素を含むので、手で触らないようにしましょう。

紅れん石 ❷
　川原の石の中で薄く、淡い赤色の石を探します。白や緑の部分と縞になっていることもあります。これが紅れん片岩とよばれる石ですが、その中の淡い赤色の部分が紅れん石の細かい結晶です。

緑泥石 ❸
　緑色をした石を探します。多くは薄い形をして白と緑の縞模様になっています。これが緑泥片岩です。この緑の部分が緑泥石で白い部分は石英です。

長石 ❹
　黒と白の縞模様のある石の中で、淡い桃色をした1cmくらいの大きさの鉱物を含んでいる石があります。片麻岩とよばれる石で、この淡い桃色の大粒の鉱物は長石とよばれる鉱物です。

黄鉄鉱 ❺
　少しさびたような茶色の石を探し、手に持ってみて重たければ黄鉄鉱などが入っていることがあります。薄い黄色をした金属質の鉱物です。

水晶 ❻
　白い石を探します。石英とよばれる石で、くぼみがあればその中に水晶を見つけることができます。

行き方：JR紀勢本線または近鉄山田線の松阪駅下車。バスに乗り小片野で下車し歩いて20分です。車では伊勢自動車道の勢和多気ICで降り、国道368号で勢和大橋手前。

街の中

　街の中にもビルなどの壁面や床面に自然の石が使用されていて、その石の中にきれいな鉱物が含まれているものがあります。

●大阪駅周辺

　JR大阪駅の中央北口周辺の柱や壁面、大阪駅北側のヨドバシカメラのビルの1階の柱などにはガーネットが多く含まれている片麻岩とよばれる岩石がたくさん利用されています。

大阪駅中央北口

柱の表面

大阪駅の柱の壁面に見られるガーネット

ヨドバシカメラのビル　　　　　　　　1階の柱の表面

ヨドバシカメラの柱面(ちゅうめん)に見られるガーネット

● 大阪市立科学館 ……………………………………………………… 大阪市北区

中之島にある大阪市立科学館の入口前の床面には、ガーネットを含む片麻岩が広く敷き詰められています。

入口前の床に敷かれた片麻岩にはガーネットが多く含まれています

赤い粒がガーネット

● 大阪歴史博物館 ……………………………………………………… 大阪市中央区

歴史博物館やその横のNHK大阪放送局の壁面にはガーネットを含む片麻岩が使われています。

歴史博物館の壁面

壁面にガーネット(左) 入口前の床面には大きな長石の結晶(右)が見られます

●あべのハルカス······················大阪市阿倍野区

近鉄南大阪線大阪阿部野橋駅上に2014年開業したハルカスの壁面にはガーネットを含む片麻岩が使われています。

日本一高いビル、ハルカス　　二階と三階の外周壁面にガーネットが見られます

第1部 鉱物編　59

小粒のガーネットの密集

大粒のガーネット

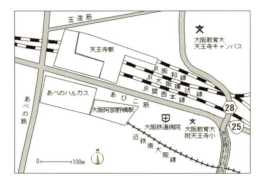

● JR京都駅 ･･････････････････････････････････････ 京都市下京区

JR京都駅の八条口を出たすぐのところにある白い柱に、赤いガーネットがたくさん見られます。

柱の外観

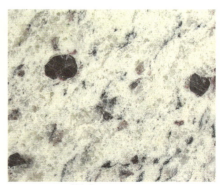
大小のガーネット

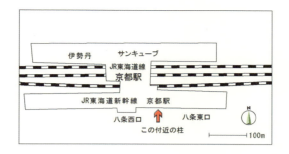

●三宮地下街（さんちか） ……………………… 兵庫県神戸市中央区

三宮の地下街の床面にはモザイク模様でいろいろなきれいな石が使われています。

メノウや大理石などがモザイク模様になっている。　閃長岩

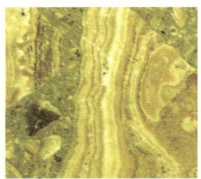

縞メノウ

自由研究 1

川原の石から水晶を探す

<予測を立てる>

　石の図鑑を見ていると白い色をした石が石英という鉱物の塊であることがわかった。また水晶の項を見ると石英と同じ成分でできていることがわかった。ということは、川原に行って白い石を探すと水晶が見つかるかもしれない。このような予測を立てて川原に出かけることにした。

石英

水晶（六角柱をしたものをよぶ）

<準備する>

①川原の石の図鑑などで石英や水晶がどのような形や色をしているかをよく見ておく。
②どこの川に行けば川原に石があるか調べる。
③持ち物として、石の図鑑、ハンマー、軍手、簡易ゴーグル、カメラ、筆記用具、ルーペなど。
④服装は長袖、長ズボンがよい。帽子もかぶる。
⑤川の水が急に増えることもあるので、天気や川の情報にも気をつける。
⑥必ず大人の人と出かける。

<調査する>

①家から近くにある京都市の松尾大社の近くを流れる桂川に出かけることにした。駅に近く、川原にもおりやすく石もたくさんあるのでここを選んだ。

石ころがたくさんある桂川の川原

白い石を探す(白い石が石英)

②いくつか見ていると白い石(石英)で表面にくぼみがある場合に、このくぼみの中をのぞいてみると水晶ができていることに気付いた。

くぼみのある石英

くぼみの部分を拡大すると水晶ができている

③このようなくぼみのある白い石を探すと、水晶が見つかることがわかった。

<まとめ>

　水晶は石英とよばれる石のくぼみの中に見つかる。川原の石は水で運ばれるので、表面にあると水晶は壊れたり削られたりするため、くぼみの中のものが残ったと考えられる。しかし、なぜくぼみの中にできるかはこれからも調べてみたい。

第1部 鉱物編　63

自由研究 2

砂の中から鉱物を探す

<研究を始めた理由>

石の図鑑を見ていると石は鉱物が集まってできたものであると書いてあった。そうすると砂は石が削れて細かくなったものであるから、いろいろな鉱物が見つかるかもしれない。近所の公園には砂場があり、砂場の砂にはきらきら光るガラスのような砂粒や白い色の砂粒があり、これらは石英であることがわかった。また、公園の砂場以外の土の部分にも砂があるが、ここでは同じような石英が少ないように思えた。これがなぜかを調べてみようと思った。

公園の砂場（上）と砂場以外の公園の砂のあるところ（下）

<準備する>

①スコップ、ナイロンの小ぶくろ、ルーペ、ふるい（目の粗さ 大、中、小、百円ショップの園芸用品とケーキつくりのコーナーにある）、はかり。
②近所の公園に砂場があるかを調べる。

<調査する>

①公園をいくつかまわって砂場の砂とその公園のグラウンドの砂をひと握りぐらい採取してくる。
②家に帰ってまず砂を水洗いして汚れなどを流す。お米をとぐような要領で上澄みの濁りだけを捨てる。
③洗った砂は太陽にあてるなどして乾かす。

水洗い

うわずみを流している

乾かしている

＜測定する＞

①乾いた砂をふるいの目の粗さの順（大5mm以上、中1.5mm、小1mm）で3段重ねにして上から砂を入れてふるう。いちばん下のふるいを抜けた粒子が1mm以下である。

3種類のふるい（左から　大、中、小、3つのふるいをすべて抜けた砂）

②ふるった砂から石英（ガラスっぽいものや白い色の粒）だけをより分ける。

③ふるったそれぞれの粒の大きさのものの重さをはかる。

＜結果＞

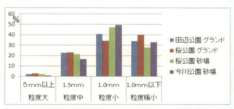

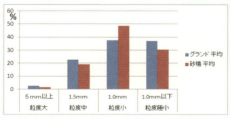

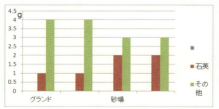

＜まとめ＞

①砂場やグラウンドには1mmほどの砂粒（鉱物など）が多い。

②砂場の砂はグラウンドの砂より1mmほどの大きさの割合が高い。

③石英はグラウンドの砂より砂場の砂に多く含まれる。

＜考えられること＞

　砂場の砂は川や海岸の砂であるため、硬い石英が残りやすいのではないか。グラウンドの砂は山土（岩が風化したもの）であることが多いのでいろいろな鉱物が混ざっているのではないかと思われる。

コラム2
世界の鉱物探し

関西のみならず日本各地にも鉱物を見つけることができる場所がありますが、さらに世界にももちろん多くの鉱物を探すことができる場所があります。そのいくつかを紹介します。

◎アメリカでダイヤモンドと水晶を探す

世界にダイヤモンド鉱山は十数か所しかありません。しかもどこも厳重な管理が行われていて、一般の人は入ることができません。ところが唯一ダイヤモンド鉱山に入ることができる場所が、アメリカ、アーカンソー州にあります。そこは州が管理していて、料金を払うと1日その場所でダイヤモンドを探すことができます。何とも夢のような場所です。しかも、毎日ダイヤモンドを見つけた人の情報がホームページで公開されていますので、ついつい頑張ってしまいます。

また、この州には水晶がたくさん出てくるところがあります。ここも料金を払うと山で水晶を探すことができます。しかもここの水晶は透明度が高く本当にきれいな水晶で、アーカンソー産というだけで値が高くなります。

ダイヤモンドを探す人たち

水晶は岩に脈状にできている

◎その他の場所

カンボジアには川でルビーを探すことができる場所があります。また、ミャンマーではルビー鉱山でスピネルやルビーをズリから探すことができますし、インドネシアでは砂金を探すこともできます。アラスカでの砂金探しは有名です。さらに、アイスランドにはオパールを探すことのできる海岸があります。

第2部
化石編
化石について知ろう

1 いろいろな化石

化石には、恐竜やアンモナイト、貝などがあります。
はじめに、いろいろな化石を見てみましょう。

アンモナイト（古生代から中生代）

魚（⇔5cm）

魚（⇔8cm）

三葉虫（古生代）

巻貝（⇔2cm）

巻貝（⇔2cm）

巻貝（⇔2cm）

第2部 化石編　69

恐竜の骨(⇔9cm)

恐竜の骨(⇔4cm)

ゾウの歯(⇔6cm)

直角石(⇔7cm)

サメの歯(⇔2cm)

メガロドンの歯(⇔10cm)

植物の葉（⇔12cm）

アカシデ

植物の葉（新生代）

ウニ（⇔5cm）

モササウルスの歯（⇔9cm）

② 化石とは？

海や、湖、池、川の底に砂や泥などがたまって、地層ができます。その中の生物の遺骸や痕跡（足跡やフン、巣穴）などを化石といいます。

(1) 生物の遺骸

貝の殻（⇔7cm）

サメの歯（⇔2cm）

(2) 生物の形の跡

貝の殻の断面の跡（⇔2cm）

貝の殻の跡（⇔2cm）

(3) 別の鉱物に置き換わったもの

別の鉱物に置き換わった貝

表面が黄鉄鉱に置き換わったアンモナイト

(4) 生物が松脂などに閉じ込められたもの

虫入りのコハク（⇔4cm）

(5) 足跡が残ったもの

(6) 生物の痕跡（巣穴）

恐竜の足跡

３ 化石のでき方

　生物が死んで化石になり、それが私たちの目にとまるまでには、多くの偶然が重なっています。

　生物が死ぬと肉は腐敗し、骨はバラバラになってしまいますが、偶然死んだ後すぐ生物の遺骸に泥や砂が重なると、地層の中にそのまま保存されます。地層の中でも腐敗してしまうことがおきますが、たまたま、条件がよく保存される場合があります。さらに、それが地殻の変動で陸になると地層が侵食され、隠れていた化石が現れます。地層を掘ることで化石が出てくることもあります。

　このように化石が私たちの目に触れるのは非常にまれなことなのです。

　では、化石のでき方を順に見ていきましょう。

（１）生物のからだが化石になるには……

（２）生物が死んで、その体が水の底などに沈み、泥などで埋まっていきます。

(3) 体のかたい部分だけが、残ります。

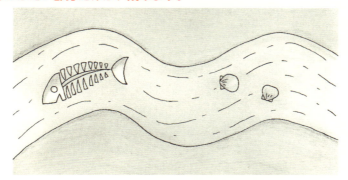

(4) 水の底だったところがもり上がり、陸になります。

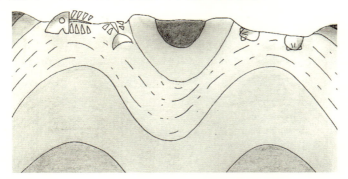

(5) 地面が雨などで削られ、隠れていた化石が見つかります。

化石が出る地層

4 化石からわかること

(1) 時代

　これまで世界中でいろいろなところからさまざまな化石が見つかっています。それらの化石をもとにどの時代には、どのような生物が生きていたのかがわかっています。

　化石には、ある時代にしか生きていなかったものがあります。そのような化石が見つかることで、化石をふくむ地層がいつの時代のものかがわかります。

●先カンブリア時代（46億年前～5億4100万年前）

　地球が誕生してから約40億年間を先カンブリア時代といいます。一番古い化石は、オーストラリアの約35億年前の地層から発見されています。この時代の終わりには、硬い組織をもたない大きさが1mほどの生物が現れました。

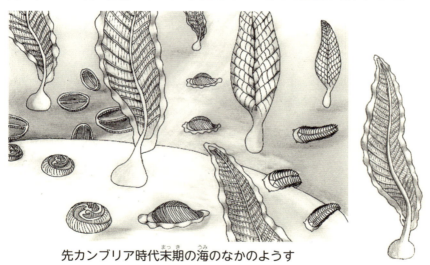

先カンブリア時代末期の海のなかのようす

カルニオディスクス

●古生代（5億4100万年前～2億5200万年前）

　古生代に入ると、硬い殻や骨をもち、すばやく動くことのできる動物が現れました。

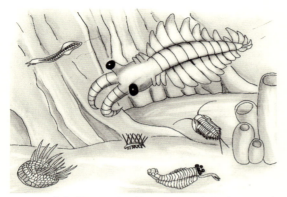

オパビニア

ハルキゲニア

古生代はじめの海のなかのようす

三葉虫

古生代なかごろの海のなかのようす

　約4億年前にはヒレが進化し、両生類となったイクチオステガがはじめて陸上に現れました。ただ、昆虫などはすでに上陸していました。植物はシルル紀に初めて陸上に現れました。
デボン紀にはシダ植物が大型化し、石炭紀には大森林をつくっていました。

古生代おわりごろの陸上のようす

第2部 化石編 77

●中生代 (2億5200万年前〜6600万年前)

古いタイプの生物が絶滅し、新しいタイプの生物が現れました。海にはアンモナイトが大繁栄し、陸には恐竜が出現しました。恐竜が進化し、鳥類が誕生したのもこの時代です。

ティラノサウルス

プテラノドン

魚竜

中生代の陸上のようす

● **新生代（6600万年前～現在）**

　陸上の生物は、恐竜にかわって哺乳類が繁栄する時代になりました。哺乳類のほとんどの祖先が、この時代の初めに出現しました。陸には被子植物が栄えました。

ヒラコテリウム

デスモスチルス

メリテリウム

マンモスゾウ

ナウマンゾウ

(2) 環境

　化石には、今、生きている生物とよく似ているものがあります。今、生きている生物のすむ環境をもとにして、その化石が生きていた当時の環境を考えることができます。

　例えば、サンゴ礁の化石が見つかれば、サンゴ礁は暖かい浅い海で生きていることから、サンゴ礁の化石が見つかった地層は暖かい浅い海であったと考えられます。

　当時の環境がわかる化石には、その他に、ハマグリやシジミ、ブナなどがあります。

5 生きている化石

古い時代にいた生物が、そのころの姿のまま、今も生きている生物がいます。これらを「生きている化石」とよんでいます。

オウム貝
約5億年前に現れました。イカやタコの仲間です。

ゴキブリ
古生代から化石が見つかっています。

シャミセンガイ
古生代から形の似た化石が見つかっています。

シーラカンス
古生代に現れて、現在では絶滅したと思われていました。

カブトエビ
大昔の姿をそのまま残しています。

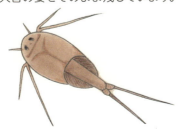

カブトガニ
古生代から姿が変わっていません。

トクサ
古生代のロボクと同じ種類の植物です。

イチョウ
中生代から化石が発見されています。

ソテツ
ソテツなどの裸子植物は、中生代に繁栄しました。

メタセコイア
約7000万年前に現れ、絶滅したと考えられていました。

ゾウ
関西でもゾウの化石が見つかっています。

カエデ
新生代にたくさんの種類のカエデの化石があります。

この他にも、カモノハシ、ラプカ、ムカシトンボなどがいます。

6 化石を探そう

　化石が見つかるのはとてもまれなことです。化石が見つかるのは砂や泥などの地層からです。このような岩を堆積岩とよびます。

地層の中に見られる化石
（白い斑点の部分）

砂や泥などの地層

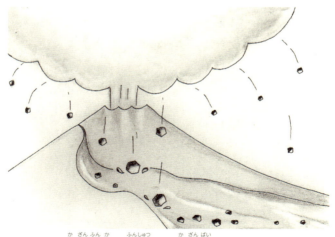

火山噴火で噴出した火山灰などの地層

＊マグマがかたまってできる火成岩や、熱や圧力で変化した変成岩から化石は見つかりません。

化石を探しに行くときの注意

　化石が見つかるところの多くは、山や川、海の近くです。化石を探しに行くときは、必ず大人の人と一緒に出かけましょう。

　持ち物の準備や服装も大切なことです。化石を探しに行く場所のこともよく調べて出かけましょう。服装や持ち物については、この本の22ページを見てください。

　化石が見つかる場所には、化石を勝手にとってはいけないところがたくさんあります。その土地の持ち主の方や、管理しておられる方の「許可」を必ずもらいましょう。「天然記念物」では化石をとることが「禁止」されています。

化石を見つけたら

　化石はとても長い時間をかけて現れた貴重なものです。みだりに化石を持ち帰るのは、やめましょう。写真にとって観察しましょう。

　デジタルカメラは接写機能を使うと、小さな化石でも撮影できます。接写機能を使った写真の撮り方については、この本の23ページを見てください。写真を撮った場所、日付などを書いた紙を一緒に撮影しておくと記録となります。

　化石の写真を撮るときに、ものさしやペンなどを一緒に撮影しておくと、化石の大きさがよくわかります。また、化石の入っていた地層について、砂や泥の粒の大きさなど気がついたことを記録しておくと、あとで研究する上で役に立ちます。

コラム3
変わった化石

化石にも変わった化石があります。

◎人の化石
イタリアのポンペイの町は、火山噴火によって多くの人が一瞬にして埋れました。火山の噴出物が高温だったため人の体は燃えて、その形だけが空洞として残りました。その空洞に石膏を流し込むと、当時の人の形が現れます。

◎木が化石になった―珪化木
地層の中に埋れた木材が、長い年月の間に二酸化ケイ素に置き換わって、硬い石になったものです。

珪化木

◎プランクトンの化石―放散虫チャート
放散虫というプランクトンは現在、海にいますが、その殻はガラス質からできています。そのため、その死骸が海底に降り積もると、チャートとよばれるガラス質の岩石になります。

 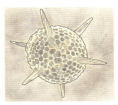

チャート　　　　放散虫

◎雨の化石
生物の遺骸や痕跡ではないので、正しくは化石ではありません。火山灰が降ったあとに雨が降ると火山灰が丸くなり、豆状のものをつくります。これを雨粒の化石とよんでいます。

雨粒の化石

化石を探しに行こう

京都 綴喜郡宇治田原町

1 宇治田原

二枚貝

貝化石層（白い部分が二枚貝などの化石）

二枚貝化石

貝化石の観察できる崖

二枚貝化石

巻貝や二枚貝化石が見られる崖

　宇治田原町の湯屋谷や奥山田には、約1500万年前の地層が分布していて、二枚貝などの化石がたくさん見つかります。スダレハマグリ、ウソシジミ、ゲンロクソデガイ、オオキララガイ、カガミガイ、アカガイ、カキなどの二枚貝や、キシャゴ、キリガイダマシなどの巻貝やフジツボなどが見つかります。

行き方：近鉄京都線の新田辺駅、またはJR学研都市線の京田辺駅で京阪宇治バスに乗り換え工業団地口で下車します。バス停から徒歩約30分で湯屋谷の東の崖に着きます。
　大福や奥山田へは車で行く方が便利です。京奈和自動車道の田辺西ICで降り、国道307号線を東へ約10km進むと宇治田原町に入ります。さらに進み、トンネルを越え、少し行ったところを右に入ったあたりの崖で化石を探します。大福や奥山田でも化石を見つけることができます。ここの化石は崖に密集しており、化石の産状が観察しやすいです。

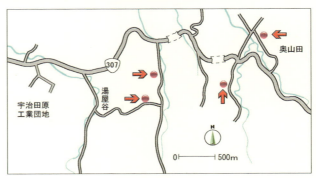

兵庫 丹波市山南町下滝

2 丹波　丹波竜の里
恐竜の骨片・発掘体験

恐竜化石の発掘作業

恐竜化石発掘現場

恐竜化石発掘体験場

篠山川が流れる美しい川代渓谷の岩場から恐竜化石が発見されたのは、2006年8月のことでした。川原で化石の調査をしていた村上茂さんと足立洌さんが赤っぽい泥岩層から長さ15cmほどの化石を掘り出しました。これが草食恐竜ティタノサウルス（丹波竜）の骨の化石だったのです。2011年までに6次の発掘調査が行われてきました。その結果、約1万8000点以上の化石が見つかりました。ティタノサウルス以外にも肉食恐竜のティラノサウルス類や鎧竜類の化石なども見つかっています。

　この発掘現場のすぐ近くで、恐竜化石を発掘体験する施設があります。発掘現場から掘り出された岩をハンマーで割って、化石を探すことができ、子どもも大人も楽しめます。石もそんなに硬くないので子どもでも割りやすく、意外によく恐竜の骨片を見つけることができます。ただし、見つかった化石は持ち帰ることができません。住所と名前を書いて化石とともに保管されます。見つけた人は化石を写真に撮って、写真を持ち帰ります。

行き方：恐竜化石発見現場や発掘体験場は、JR福知山線下滝駅下車、東へ約1.5kmのところです。また、谷川駅で降りてタクシーで約5分のところに、丹波竜化石工房「ちーたんの館」があり丹波竜の化石のクリーニングや化石の展示がされていますので、見学するといいでしょう。

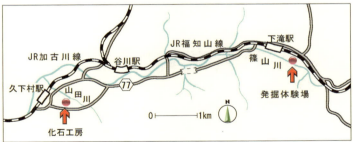

兵庫　美方郡新温泉町

3 新温泉町 おもしろ昆虫化石館

発掘体験

　この博物館には約300万年前（新生代新第三紀）の昆虫化石がたくさん展示されています。これらは昆虫化石館近くから見つかったものです。日本で初めての昆虫化石専門の博物館です。

　化石の展示以外に化石発掘体験コーナーがあり、自分で石を割り、昆虫化石を発掘することができます。昆虫の化石としてアリ、コオロギ、カメムシ、アブ、ハチ、カワゲラなどが出てくることがあります。また植物化石ではブナ、モミ、メタセコイア、タイワンスギ、カエデ、ハンノキなどを見つけることができます。

◎おもしろ昆虫化石館

住所…〒669-6943 新温泉町千谷850

電話…0796-93-0888

開館時間…9:00〜17:00

休館日…毎週月曜（祝日にあたる場合は翌日）

入館料大人100円、子供50円

行き方：JR山陰線浜坂駅から全但バスに乗り、千谷バス停で降ります。

おもしろ昆虫化石館

発掘体験コーナーの石と出てきた植物化石

福井 勝山市村岡町

4 勝山 恐竜博物館と恐竜の森

発掘体験

　福井県立恐竜博物館は2000年、福井県勝山市に日本で初めて恐竜を中心とした博物館として開館しました。それまで日本では恐竜化石が見つからないと思われていましたが、1978年にはじめて恐竜化石が見つかりました。その後、日本各地のジュラ紀後期〜白亜紀後期の地層から恐竜化石の発見が相次ぎました。特に福井県、石川県、富山県に分布する手取層群から恐竜化石が多く発見されています。

　この博物館では、復元した恐竜化石やリアルに動く恐竜までさまざまに工夫した展示が見られます。恐竜ファンのみならず多くの来館者が、恐竜や地球の歴史などを楽しく学ぶことができます。

　近くのかつやま恐竜の森長尾山総合公園では、恐竜化石の発掘体験ができる「どきどき恐竜発掘ランド」があります。そこでは約1億2000万年前（中生代白亜紀）の化石を発掘体験できます。事前に予約が必要です。また、福井駅にも恐竜がデザインされています。

◎福井県立恐竜博物館
住所…〒911-8601 勝山市村岡町寺尾51-11
電話…0779-88-0001　ホームページ…
http://www.dinosaur.pref.fukui.jp/
開館時間…9:00〜17:00　休館日…年末年始
入館料…大人500円、高校・学生400円、小中学生250円　行き方：えちぜん鉄道勝山駅からバスで15分

◎かつやま恐竜の森　長尾山総合公園
住所…〒911-0023 勝山市村岡町寺尾51-11
電話…0779-88-8777　ホームページ…
http://www.kyoryunomori.net/ 体験料金…大人1030円、高校生830円、4歳〜中学生520円　行き方：えちぜん鉄道勝山駅からバスで15分

JR福井駅

恐竜博物館

滋賀　湖南市三雲〜甲西

5 甲西（野洲川）

ゾウの足跡・植物など

ゾウの足跡

木の化石

化石が見つかる川岸

足跡化石メモリアルパーク

野洲川の河川敷に灰色の粘土層が出ています。この地層の表面にゾウやシカなどの足跡が残っています。メタセコイアなどの幹・球果などが含まれています。この地層は、今から約250万年前に堆積した古琵琶湖層群です。
　甲西中央橋南、体育館横に足跡化石メモリアルパークがあります。メタセコイア、ランダイスギなど当時、繁茂していた木が植えられて昔のようすを再現しています。また、足跡化石メモリアルパークの対岸にも植物化石が多く含まれる泥層が現れています。

<u>行き方</u>：JR草津線三雲駅から国道1号線の下をくぐり、横田橋の歩道に出ます。橋に進まずに直進し、野洲川に沿って土手を新生橋まで進みます。新生橋を渡ると右側に川へ行く道があります。新生橋の下をくぐると、河川敷に粘土層が現れている場所に着きます。川で削られた崖、深い淵など危険な場所もあります。水辺に近づかないように、そして必ず大人の人と行くようにしましょう。

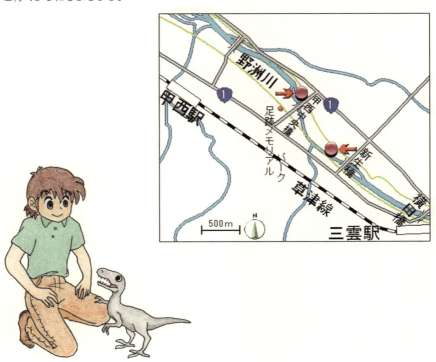

第2部 化石編　93

三重 津市美里町足坂

6 津市美里
二枚貝・巻貝など

化石が密集している石

化石が密集している石の拡大写真

化石が見つかる川原

二枚貝の化石

足坂の長野川には灰色や赤茶色の地層があらわれています。二枚貝や巻貝の殻がとけずに残っています。このあたりの地層は、今から約1500万年前の一志層群とよばれる地層です。

　美里柳谷には県指定天然記念物「柳谷の貝石山」があり、そこへ行く国道には歩道がなく危ないです。足坂に近い美里文化センターの玄関には柳谷・貝石山の化石を多く含む地層と同じ石が展示されています。表面には貝化石が多くみられます。この石を観察するのがよいでしょう。

行き方：JR紀勢線津駅または近鉄名古屋線津駅前から三重交通バス平木行きに乗車し約50分で足坂に着きます。バス停から南に数分歩くと、長野川にかかる橋に着きます。橋の北からも南からも川に降りることができます。

|岐阜| 瑞浪市宮前町

7 瑞浪
二枚貝・巻貝など

二枚貝化石(エゾハマグリ)

巻貝化石(タマツメタガイ)

二枚貝化石

二枚貝化石(ユキノアシタガイ)

サメの歯の化石

化石が見つかる土岐川の川原

土岐川の川原では、たくさんの化石を見つけることができます。化石の採集をするには、瑞浪市化石博物館の「許可」が必要です。博物館で許可書をもらうと、化石採取の詳しい場所が教えてもらえます。川原には、灰色の地層が広がっています。よく見ると表面に化石が見えています。やわらかい地層のため、ハンマーで簡単に化石を探すことができます。

　貝の化石をたくさん見つけることができます。サメの歯の化石や、植物の葉や茎の化石も見つけることができます。このあたりの地層は、今から約1700万年前にたまったものです。この地層は瑞浪層群とよばれ、主に砂岩や泥岩、凝灰岩などでできています。貝や植物、哺乳類などの化石が見つかっています。

行き方：瑞浪市化石博物館で「許可」をもらう必要があります。博物館までは、JR中央線瑞浪駅下車で徒歩約30分、タクシーなら5分、車の場合は中央自動車道の瑞浪ICより3分です。化石発掘ができる土岐川の川原へは博物館から徒歩で30分ほどです。

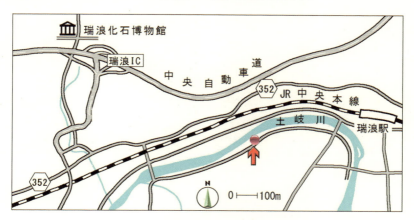

第2部 化石編　97

岐阜 大垣市赤坂町

8 金生山

二枚貝・ウミユリ・ボウスイチュウなど

二枚貝化石が2つ重なっている

ウミユリの茎の化石

ボウスイチュウ化石

金生山化石館

金生山は大垣市の北西にあり、標高約200m、東西約1km、南北約2kmの小高い山ですが、山全体が石灰岩でできています。その石灰岩は石灰質の殻などを持った生物の遺骸によってできたものです。

　金生山は日本の化石研究の発祥地として古くから有名なところです。明治7年(1874)にギュンベル(ドイツの古生物学者)は赤坂石灰岩から産出するボウスイチュウ化石にシュードフズリナ・ジャポニカと命名し、これが日本における化石命名の第1号です。

行き方：JR美濃赤坂駅から北に向かって15分ほど歩きます。金生山の中腹あたりまで登ると、金生山化石館が見えてきます。化石館を見学して金生山で見られる化石について学びましょう。なぜ金生山に化石が産出するのかなど、わかりやすく展示されています。

　化石館から少し登った道の脇に出ている石灰岩の表面を観察してみてください。いろいろな化石が見られます。観察できる化石はボウスイチュウ、サンゴ、ウミユリ、貝類など、約2億5000万年前(古生代二畳紀)のものです。

9 奈義 なぎビカリアミュージアム

ビカリア・二枚貝など

ビカリア化石

カニの爪の化石

サメの歯の一部

センニン貝の化石

巻貝の化石（トクナリヘタナリ化石）

カキ化石

二枚貝（アカガイ）

発掘体験場で、化石探しができます。なぎビカリアミュージアムで料金を払い、専用のハンマーを借りて化石探しをします。ここでは、ビカリアのほかにもいろいろな化石が30種以上見つかっています。

発掘体験場

日本の新生代の代表的な化石として、ビカリアがあります（約1600万年前）。長さは大きなもので10cmほどの巻貝で、サザエのように表面には三角形の太い突起が一列に並んでいます。

現在、本州には同じ種類の巻貝は生息していません。約1600万年前、本州はあたたかい気候で、ビカリアが生きていました。

行き方：車なら中国自動車道美作ICから県道51号線を北へ15分で、ビカリアミュージアムに到着します。または、JR津山駅からバスで奈義町役場前まで行き、役場前からタクシーでおよそ7分でビカリアミュージアムに到着します。

 小豆郡土庄町

10 土庄
二枚貝・巻貝

砂岩層に含まれる二枚貝の化石

海岸の石に見られる二枚貝の化石

化石が見つかる海岸

　化石が見つかる海岸には砂岩や泥岩の地層が現れています。この地層は約3000万年前の海でできたものです。砂岩の地層から貝や植物化石を見つけることができます。キリガイダマシ、アサリ、マテガイ、ザルガイ、ツメタガイなどの二枚貝、巻貝や、メタセコイア、ナラ、ヤナギ、ブナ、ヤマモモなどの植物化石が見つかります。

　海岸に沿って地層を観察していくと、黒い炭層が挟まっているのが見つかります。この中には、植物化石が入っています。また、海岸に転がっている黒っぽい石を割ると化石が見つかることがあります。

行き方：土庄港から小豆島バスに乗り、四海公民館前で下車します。

街の中

　ビルの壁面や床にも化石を見つけることができます。これは建物の石材の中に化石を含んだ石灰岩がよく使われているからです。石材は世界中から輸入されているため、化石もいろいろな国で産するものが含まれます。そのため、街は化石の博物館のようです。たくさんの人が通るところにあるので、まわりの人の迷惑にならないように観察しましょう。

● 大阪駅周辺
　大阪駅1階の中央コンコースの柱に使われている石材を見てみましょう。この石材は石灰岩とよばれる石で、二枚貝やアンモナイトなどの化石を含んでいます。

アンモナイト（⇔8cm）

アンモナイト（⇔9cm）

アンモナイト（⇔10cm）

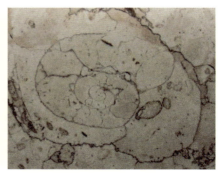
アンモナイト（⇔6cm）

アンモナイト(⇔9cm)

ベレムナイト(⇔1cm)

二枚貝(⇔3cm)

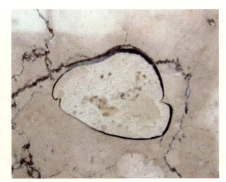
二枚貝(⇔3cm)

大阪駅の桜橋口(西改札口)周辺から改札内の店舗にかけて、通路の壁面には石灰岩が使われていて二枚貝などの化石が見られます。

巻貝(⇔1cm)

二枚貝の集まり

第2部 化石編　105

●京阪電鉄京橋駅中央改札口周辺 ……………………………… 大阪市都島区

1階切符売り場周辺の柱や壁面の石灰岩には、二枚貝や巻貝などの化石がたくさん入っています（スケールのアンモナイトイラストは1cm）。

巻貝

二枚貝（縦断面5cm）

二枚貝（横断面3cm）

●難波OCAT

大阪市浪速区

①地下1階JR難波駅改札口付近

改札口を出た付近にある柱や壁面の石灰岩には、サンゴや二枚貝などの化石が多く含まれています。床面にはカキの化石も見られます。

二枚貝

サンゴ

二枚貝

二枚貝（カキ）

②1階の壁面

　1階の壁面には、化石が多く入った石灰岩が使われています。郵便局周辺の壁面にはアンモナイト、ベレムナイト、厚歯二枚貝、サンゴなどが多く見られます。

アンモナイト（横断面5cm）

アンモナイト（縦断面9cm）

厚歯二枚貝（横断面や縦断面）

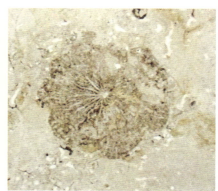
サンゴ（3cm）

③ 5階の床面

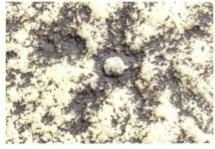
ウミユリ

フン化石

フン化石

● 大阪市立科学館 ……………………………… 大阪市北区

地下1階チケットカウンター前の床には、さまざまな石がモザイク状に貼られています。その中に化石を含む石灰岩があり、アンモナイトやサンゴの化石がいくつも見られます。

サンゴ

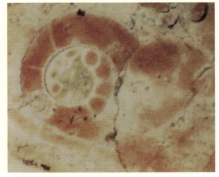
アンモナイト

●関西空港エアロプラザ　　　　　　　　　　　　　　　大阪府泉佐野市

　ホテル日航関西空港が入っているビルの2階や3階のレストラン街では、通路の壁面に石灰岩が使われています。この石灰岩の中に、アンモナイトや二枚貝などの化石を見つけることができます。

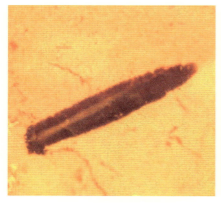 

　　ベレムナイト(1cm)　　　　　　　　アンモナイト(6cm)

●りんくうゲートタワービル　　　　　　　　　　　　　大阪府泉佐野市

　2階の北西側の入口付近の壁面には白い石灰岩、床面には黒い石灰岩が使われています。いずれも二枚貝の化石などが観察できます。

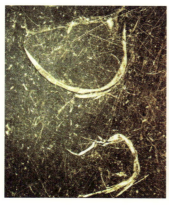 

二枚貝

●京都駅 ・・・・・・・・・・・・・・・・・・・・・・・・・・・・・・・・・・・・京都市下京区

　JR京都駅の北側玄関口にある柱には、石の博物館として京都駅に使われている石のパネルが展示してあります。その中の1つにアンモナイトの化石を含む石灰岩があります。

　また、近鉄京都駅の改札口付近の壁には石灰岩が使われていて、厚歯二枚貝の化石が多く見られます。

石の博物館

石の博物館のアンモナイト(2cm)

近鉄の改札口付近の厚歯二枚貝(7cm)

近鉄の改札口付近の厚歯二枚貝(12cm)

● **大丸京都店**……………………………………………………京都市下京区

高倉通りにある南階段や西階段の手すりには、サンゴ礁などが石灰岩になった石材が使われています。サンゴ、巻貝、二枚貝、ベレムナイトなどの化石をたくさん見ることができます。

南階段2階

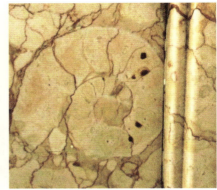

南階段2階アンモナイト（10cm）

二枚貝（2cm）

二枚貝

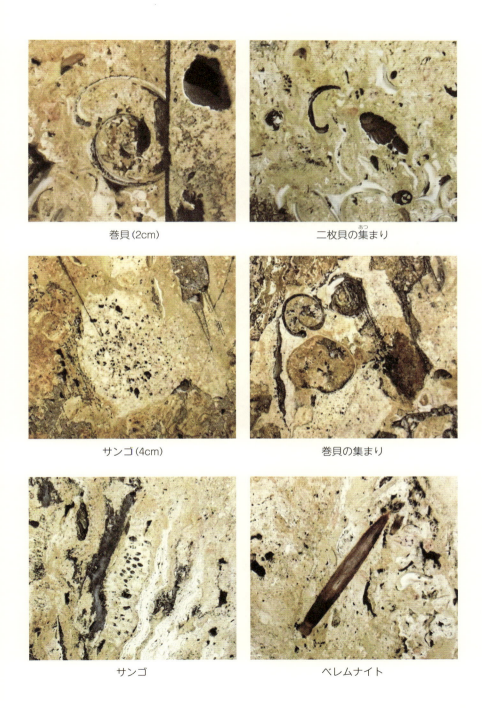

巻貝（2cm）　　　　　　　　二枚貝の集まり

サンゴ（4cm）　　　　　　　巻貝の集まり

サンゴ　　　　　　　　　　ベレムナイト

●三宮地下街 (さんちか) ・・・・・・・・・・・・・・・・・・・・・・・・・・・・・・・・・ 兵庫県神戸市中央区

床には石版石灰岩がモザイク状に貼られていて、ウミユリの化石が見られます。また、壁面の石灰岩には、アンモナイトの化石を見つけることができます。

アンモナイト (7cm)

浮遊性ウミユリ (2cm)

●大丸神戸店 ・・ 兵庫県神戸市中央区

階段の壁面やエレベータ付近の壁面には、白い石灰岩の中に二枚貝、ベレムナイト、巻貝などが見られます。

二枚貝 (2cm)

巻貝 (2cm)

●JR和歌山駅　　　　　　　　　　　　　　　　　　　　　　和歌山市美園町

駅ビルの壁面や柱に使われている石灰岩には、二枚貝などの化石が含まれています。

二枚貝（1cm）

二枚貝

●近鉄百貨店和歌山店　　　　　　　　　　　　　　　　　　和歌山市友田町

JR和歌山駅のすぐ隣に近鉄百貨店があります。入口の壁面に使われている石灰岩に、二枚貝の化石などが見られます。

二枚貝（4cm）

二枚貝（3cm）

自由研究 3

化石の図鑑づくり

たくさんの化石の写真を撮って自分だけの化石図鑑を作ってみましょう。
写真に撮った化石について、化石の本を使って調べましょう。

＜必要なもの＞
- 図鑑にするための紙
- 化石の写真
- 化石の本

＜化石を見つけたら＞
- 見つけた周囲のようすも写真に撮っておきましょう。
- 見つけた化石の大きさがわかるように、大きさの目印となる定規やえんぴつなどと一緒に写真を撮りましょう。
- 化石の大きさや、形、色など気がついたことを記録しておきましょう。

＜図鑑にするために＞
- 図鑑にする紙の大きさを決めておくと、たくさんの化石の図鑑を増やすことができます。
- 化石の本を使って、化石の名前を調べます。化石の名前がわからないときは、わかることだけでも記録します。似ている化石の名前でもよいので、わかれば記録しましょう。
- 図鑑にする紙に、化石の名前だけでなく、いつ、どこで、だれが写真を撮ったのか、記録しておきましょう。
- 化石を見つけた周囲の写真を付け加えたり、化石の本で調べたりしたことを記録しましょう。
- 写真に撮った化石が生きていた時代、その当時の気候、その他の情報も書き加えましょう。
- 調べるときに参考にした本の名前も記録しておきましょう。

＜化石の記録がたまってきたら＞

・同じ場所で見つかった化石だけを集めて、「○○で見つかる化石」というような図鑑を作ることができます。
・たくさんの化石の記録が集まれば、生きていた時代ごとに並べると、さらに詳しい図鑑が製作できます。

＜図鑑の例＞

化石の名前

化石を見つけた場所

化石を見つけた年月日

地層のようす

その他気がついたこと

調べた化石の本

何が化石になりやすいか

何が化石になりやすいかを調べてみましょう。

＜必要なもの＞
- たくさんの化石の写真
- 化石の写真を並べて貼ることができる大きな紙

＜化石の写真＞
- 化石の写真、博物館のパンフレットの写真を使いましょう。

＜化石の写真を大きな紙に並べてみる＞
- 「殻」、「歯」、「骨」ごとに化石の写真を並べます。

＜写真を並べたら＞

「殻」はあるのに、どうして中身はないの？
「歯」はあるのに、どうしてまわりの口がないの？
「骨」はあるのに、どうして筋肉や肉はないの？
「殻」、「歯」、「骨」以外の化石が見つからない理由を考えてみましょう。
（見つかる体の部分は、化石になりやすいもの……）。

「何が化石になりやすいか」

1．化石になりやすいものの予想

2．グループ分けの方法

3．グループ分けをした結果

4．結果から気がついたこと、考えられること

5．まとめ

6．参考文献

【参考図書】

『美しい鉱物と宝石の事典』キンバリー・テイト、創元社、2014年

『改訂滋賀県地学のガイド 上・下』滋賀県高等学校理科教育研究会地学部会編、コロナ社、2002年

『化石探し』大阪地域地学研究会編、東方出版、2010年

『京都の地学図鑑』京都地学会編、京都新聞社、1993年

『鉱山をゆく』イカロス出版、2012年

『鉱物鑑定図鑑』益富地学会館監修、白川書院、2014年

『鉱物分類図鑑』青木正博、誠文堂新光社、2011年

『さあ化石をさがしにいこう』自然環境研究オフィス編、遊タイム出版、2007年

『産地別日本の化石800選』大八木和久、築地書館、2000年

『産地別日本の化石650選』大八木和久、築地書館、2003年

『週末は「婦唱夫随」の宝探し』辰夫良二・くみ子、築地書館、2006年

『たのしい鉱物と宝石の博学事典』堀秀道、日本実業出版、1999年

『地球の宝探し』日本鉱物倶楽部編、海越出版社、1995年

『地層と化石でタイムトラベル』地学団体研究会編、大月書店、2004年

『日本の鉱物』益富地学会館監修、成美堂出版、1994年

『日本の鉱物』松原聰、学習研究社、2003年

『ひとりで探せる川原や海辺のきれいな石の図鑑』柴山元彦、創元社、2015年

『兵庫自然史ハイキング』地学団体研究会大阪支部兵庫教師グループ編、創元社、1994年

『宝石探し』大阪地域地学研究会編、東方出版、1998年

『宝石探しⅡ』大阪地域地学研究会編、東方出版、2004年

『三重自然の歴史』磯部克編著、コロナ社、1991年

本書に掲載された野外の鉱物・化石観察地
（数字は掲載番号。■が鉱物、●が化石）

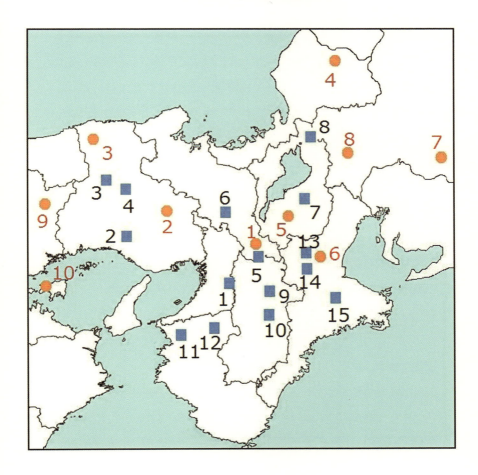

おわりに

　多くの大人は子どものころには鉱物や化石に興味をもった経験があると思います。中学生以降になるとそのことから興味は別のことに移っていきますが、子どもができたり中高年になって余裕ができてきた時に、再びそのころの感覚を思い出して鉱物や化石を探しに出かけたりしはじめるかたもおられます。本書はこれまで行ってきた川原での「天然石探し」の講座で参加者の親子の方々から子どもでも読めるこの種の本がほしいという要望から生まれました。そして本書は子ども版となっていますが、大人の方が入門書としても利用していただけると思います。再び童心に返って野外や街中で鉱物や化石を探しに出かけてみてはいかがでしょうか。

　地学の普及のためにこれまで11種類の「関西地学の旅」シリーズ（東方出版）を出してきました。本書はそのシリーズの特別版になりますが、「⑨天然石探し」「⑦化石探し」はそのシリーズの一つです。これらもぜひ併せて見ていただければ、本書には載っていない別の観察場所などが記載されています。

　この本をつくるにあたって、子ども版であることから今までにないいろいろな作業が必要になり多くの方の力をお借りしました。特に本書のデザインを担当していただいた森本良成さんには貴重なアドバイスをたくさんいただきました。また東方出版の北川幸さんには子ども版という複雑な編集作業にご苦労をおかけしました。これらの方々に感謝します。

柴山元彦

編著者…………柴山元彦（理学博士）
　　　　　　　自然環境研究オフィス代表

執筆者…………（鉱物編）遠藤敦志　藤原真理
　　　　　　　（化石編）池田　正　上島昌晃

イラスト作成…香川直子・藤原真理

地図作製………香川直子・藤原伊織

関西地学の旅 子ども編
鉱物・化石探し
2016年8月25日　初版第1刷発行

編著者　柴山元彦
発行者　稲川博久
発行所　東方出版㈱
　　　　〒543-0062　大阪市天王寺区逢阪2-3-2
　　　　Tel.06-6779-9571　Fax.06-6779-9573
装　幀　森本良成
印刷所　シナノ印刷㈱
乱丁・落丁はおとりかえいたします。
ISBN978-4-86249-269-2

関西地学の旅⑪ **洞窟めぐり**	自然環境研究オフィス編著	1500円
関西地学の旅⑩ **街道散歩**	自然環境研究オフィス編著	1500円
関西地学の旅⑨ **天然石探し**	自然環境研究オフィス	1500円
関西地学の旅⑧ **巨石めぐり**	自然環境研究オフィス編著	1600円
関西地学の旅⑦ **化石探し**	大阪地域地学研究会	1500円
関西地学の旅④ **湧き水めぐり1**	湧き水サーベイ関西編著	1600円
関西地学の旅⑤ **湧き水めぐり2**	湧き水サーベイ関西編著	1600円
関西地学の旅⑥ **湧き水めぐり3**	湧き水サーベイ関西編著	1600円
親と子の自由研究 家の近くにこんな生き物!?	太田和良	1200円

＊表示の値段は消費税を含まない本体価格です。